LA FIBRILACIÓN AURICULAR Y LA CIRUGÍA CARDIACA

Eladio Sánchez Domínguez

LA FIBRILACIÓN AURICULAR Y LA CIRUGÍA CARDIACA

Eladio Sánchez Domínguez

Cirujano Cardiovascular

© 2012 Eladio Sánchez Domínguez

Reservados todos los derechos. Ni la totalidad ni parte de este libro puede reproducirse o transmitirse por ningún procedimiento sin permiso del autor.

Lulu Press. Raleigh, Carolina del Norte, Estados Unidos.

Primera edición, 1 de marzo de 2012.

ISBN: 978-1-4710-8448-5

Depósito Legal: BA-000075-2012

A Manuela

ÍNDICE

1 INTRODUCCIÓN 7

2 EPIDEMIOLOGÍA 9

3 CONSECUENCIAS 11

4 FISIOPATOLOGÍA 13

5 HALLAZGOS HISTOLÓGICOS 21

6 FACTORES DE RIESGO 23

7 PREVENCIÓN 27

8 TRATAMIENTO DE LA FIBRILACIÓN AURICULAR EN EL POSTOPERATORIO DE CIRUGÍA CARDIACA 33

9 BIBLIOGRAFÍA 39

1 INTRODUCCIÓN

La fibrilación auricular es la complicación más frecuente en el postoperatorio de cirugía cardiaca, siendo menospreciada su importancia en la mayoría de ocasiones. Recientes estudios han demostrado su importancia en el desarrollo de la estancia hospitalaria del paciente. Su etiopatogenia no está completamente aclarada, existiendo varias teorías; numerosos estudios pretenden identificar los factores que llevan a algunos pacientes a desarrollar esta arritmia y a otros no, después de someterse a una cirugía cardiaca, para de esta forma desarrollar medidas preventivas en aquellos pacientes con alto riesgo de padecerla.

2   EPIDEMIOLOGÍA

La fibrilación auricular es la arritmia cardiaca mas prevalente en la población general, afectando al 2.3% de los individuos entre 40 y 60 años, y al 5.9% de los mayores de 65 años. Su prevalencia se incrementa sustancialmente tras la cirugía cardiaca. Normalmente se presenta entre el 1º y 5º día del postoperatorio, con un pico de incidencia en el 2º día. Su frecuencia absoluta varía dependiendo de las características demográficas de la población, de la definición de la arritmia, del método de monitorización electrocardiográfica y del tipo de cirugía. En la mayoría de series que emplean la monitorización electrocardiográfica continua, la fibrilación auricular se presenta en el 30-40% de pacientes tras cirugía de revascularización coronaria, 40-50% tras cirugía valvular y 60% de casos en que se combina cirugía valvular y de revascularización. En los casos en que se monitoriza el ritmo cardiaco de otra forma se menosprecia la incidencia, registrándose una frecuencia del 20%.

En un estudio realizado por Creswell en 4507 pacientes sometidos a cirugía cardiaca se registró una incidencia de 34.9% de arritmias auriculares (fibrilación auricular, fluter, y taquicardia supraventricular paroxística), siendo en los casos de sustitución valvular aórtica, mitral y revascularización coronaria del 91%.

3 **CONSECUENCIAS**

En la mayoría de ocasiones la fibrilación auricular es bien tolerada, volviendo a ritmo sinusal el 98% de pacientes en el plazo de 6 a 8 semanas. Presentándose como palpitaciones y ansiedad. Sin embargo existen una serie de complicaciones mayores que se presentan en un número pequeño de pacientes.

Mayor estancia hospitalaria. Es la complicación más frecuente; incrementandose los días en unidades de cuidados intensivos por dos, siendo la estancia hospitalaria 2 a 5 días más de media. Esto supone una mayor morbilidad.

Incremento en los costes hospitalarios.

Mayor uso de fármacos antiarrímicos y pruebas complementarias (radiografías y analíticas).

Fenómenos tromboembólicos, principalmente accidente vascular cerebral, con una incidencia del 3.3% frente al 1.4% de los pacientes sin fibrilación auricular, independientemente de la edad del paciente.

Inestabilidad hemodinámica, principalmente en pacientes con disfunción diastólica, que no toleran la pérdida de la sincronía auriculo-ventricular, y la contribución de la sístole auricular al llenado del ventrículo. Existiendo un mayor uso de fármacos inotrópicos y del balón intraaórtico de contrapulsación.

Mayor incidencia de arritmias ventriculares (taquicardia o fibrilación), y mayor incidencia de implantación de marcapasos definitivos.

No se han constatado diferencias significativas en la mortalidad a 30 días para los pacientes con o sin arritmias auriculares postoperatorias.

4 FISIOPATOLOGÍA

Los mecanismos fisiopatológicos de la fibrilación auricular postoperatoria permanecen desconocidos, siendo probable una causa multifactorial. El uso preoperatorio de betabloqueantes se a asociado con una disminución en la incidencia de fibrilación auricular, debido a ello se ha propuesto que unos niveles elevados de catecolaminas circulantes tras la cirugía serían las responsables. También se han propuesto cambios previos estructurales y electrofisilógicos en el miocardio auricular, como los asociados a la edad y a la hipertensión arterial. La edad se ha relacionado con una progresiva fibrosis de la aurícula que contribuiría a una incorrecta distribución de los periodos refractarios, lo que supondría múltiples circuitos de reentrada. La inflamación pericardica y los cambios hidroectrolíticos también se han asociado con el desarrollo de fibrilación auricular. Cox ha propuesto que la isquemia auricular seria el desencadenante en los pacientes vulnerables, con factores de riesgo para las arritmias auriculares.

Posibles mecanismos fisiopatológicos de la fibrilación auricular postoperatoria
• Catecolaminas elevadas
• Inflamación pericárdica
• Alteraciones hidorelectrolíticas
• Isquemia auricular
• Disfunción del sistema nervioso autónomo
• Trauma quirúrgico local
• Sustrato electrofisiológico anómalo (edad, hipertensión)

4.1 Bases electrofisiológicas de la fibrilación auricular

La fibrilación auricular parece producirse por múltiples fenómenos de reentrada. Durante el ritmo sinusal ocurre una uniforme progresión de la despolarización y repolarización auricular, resultando en refractariedad homogénea de áreas adyacentes del miocardio auricular. En el postoperatorio cardiaco se supone que existen múltiples periodos refractarios heterogéneos y no uniformes, los cuales serían el sustrato para el desarrollo de reentradas y la fibrilación auricular.

El periodo refractario corto de la fibrilación auricular lleva a una remodelación estructural y electrofisiológica de la aurícula que provoca el mantenimiento de la arritmia. Este remodelamiento puede dañar la función estructural auricular tras la restauración del ritmo sinusal.

La base para el remodelamiento electrofisiológico parece ser el acortamiento del periodo refractario auricular tras breves episodios de fibrilación auricular. La reducción del periodo refractario efectivo acorta la longitud de onda de la despolarización, promoviendo la reentrada. Experimentalmente, el periodo refractario efectivo permanece acortado durante una semana tras la cardioversión de la fibrilación auricular. La importancia clínica del remodelamiento es que la restauración del ritmo sinusal es más difícil cuanto más tiempo persiste la fibrilación auricular. A nivel celular la fibrilación auricular promueve cambios en la despolarización y la repolarización celular, acortándose la duración del potencial de acción, lo cual precede al desarrollo de la fibrilación auricular en los pacientes sometidos a cirugía cardiaca.

El remodelamiento auricular como resultado de la fibrilación auricular parece no ser mediado por cambios en el tono del sistema autónomo, isquemia, crecimiento auricular o el factor natriurético auricular. Alteraciones en canales iónicos específicos han sido propuestas como una explicación para los cambios electrofisiológicos. El acortamiento de la duración del potencial de acción auricular y el periodo refractario efectivo podrían teóricamente ser explicados por una combinación de alteraciones en la repolarización, tales como un incremento de la actividad o la expresión de canales de K+ y un descenso en los canales de Ca2+ tipo L.

La relevancia de las alteraciones de los canales iónicos observadas en pacientes con fibrilación auricular crónica para pacientes que desarrollan la arritmia en el postoperatorio es incierta. En los pacientes que antes de la cirugía estaban en ritmo sinusal se ha demostrado una regulación a la baja de mRNA de canales de Ca2+ tipo L y para la ATPasa del retículo sarcoplásmico, comparado con pacientes que permanecen en ritmo sinusal. Otros estudios han puesto de manifiesto que la densidad de canales de Ca2+ tipo L esta incrementada en muestras de aurícula tomadas inmediatamente antes de la cardioplegia en los pacientes que desarrollan posteriormente fibrilación auricular. Siendo necesario más estudios para llegar a comprender la fisiopatología. La predisposición genética para la fibrilación auricular postoperatoria es una hipótesis que podría explicar en parte la variable susceptibilidad de los pacientes a pesar de similares alteraciones quirúrgicas.

4.2 Alargamiento auricular y fibrilación auricular

El alargamiento de los miocitos, asociado al aumento de tamaño auricular, se cree que contribuye a la fibrilación auricular, principalmente en la valvulopatía mitral y en la disfunción ventricular. Mediante activación de canales iónicos, que llevan al acortamiento del periodo refractario efectivo. Pero no está claro que contribuya a la fibrilacion auricular postoperatoria. Shore-Lesserson refiere que mediante ecocardiografía transesofágica se pueden identificar a pacientes con alto riesgo de desarrollar fibrilación auricular en el postoperatorio de cirugía de revascularización coronaria. Las dimensiones de la aurícula izquierda medidas antes de la cirugía no fueron diferentes para los pacientes que desarrollaron en el postoperatorio fibrilación auricular de aquellos que permanecieron en ritmo sinusal; sin embargo encontraron que la edad del paciente, el área de la orejela de la aurícula izquierda medida antes de la cirugía , y una razón de la velocidad de flujo sanguíneo doppler en las venas pulmaonares de sistólico a diastólico menor de 0.5 tras la cirugía fueron predictores independientes para el desarrollo de fibrilación auricular postoperatoria.

4.3 **Factores desencadenantes**

Además de un sustrato electrofisiológico el desarrollo de fibrilación auricular requiere un factor desencadenante. En pacientes no quirúrgicos la despolarización automática de focos ectópicos originada en las venas pulmonares y vena cava se consideran desencadenantes de fibrilación auricular crónica según diversos estudios.

La isquemia auricular durante el clampaje aórtico se considera una variable que favorece el desarrollo de la arritmia, probablemente mediado por la inhibición de canales de Ca2+. A diferencia del miocardio ventricular, el miocardio auricular se calienta rápidamente tras la administración de cardioplegia fría por la proximidad del retorno venoso usado para la circulación extracorpórea. El uso de cirugía a corazón latiendo no ha eliminado el desarrollo de la arrítmia, hecho que indica que existen más factores, tales como la respuesta inflamatoria a la circulación extracorpórea.

La activación del sistema nervioso simpático también se cree que contribuye al inicio o mantenimiento de la fibrilación auricular tras cirugía. La variabilidad de la frecuencia cardiaca se usa como indicador de fluctuaciones en el tono autonómico cardiaco. Se ha demostrado que dicha variabilidad es bastante menor en pacientes que desarrollan fibrilación auricular.

4.4 La isquemia como factor desencadenante

Según Cox los pacientes que se someten a cirugía cardiaca pueden ser divididos en tres grupos dependiendo de su vulnerabilidad al desarrollo de fibrilación auricular. El grupo I (5% de pacientes) desarrollan siempre la arritmia al someterse a cualquier tipo de cirugía. El grupo II (30%) desarrollan fibrilación auricular tras cirugía cardiaca si no no se tratan. El grupo III (65%) nunca desarrollan la arritmia, independientemente de la cirugía. Por lo que solo en el 30% de pacientes las medidas preventivas son importantes.

Suponiendo que la base para el desarrollo de fibrilación auricular postoperatoria cardiaca es una anomalía electrofisiológica, ésta sería muy severa en el grupo I y no existiría en el grupo III, siendo de grado intermedio en el II, donde se requeriría de un factor desencadenante.

Cox propone que si la dispersión de periodos refractarios en las aurículas no es uniforme, resulta en áreas donde miocardio auricular con un periodo refractario corto se encuentra adyacente a áreas con un periodo refractario mayor, siendo esto la principal anomalía electrofisiológica para el desarrollo de arritmias auriculares.

Debido a varias observaciones clínicas se sospechó que el principal factor para activar esas alteraciones electrofisiológicas era la isquemia auricular. Se vio que el nivel de hipotermia en el septo auricular era menor que en el ventricular y que pasados 3 minutos del cese de la cardioplegia, la temperatura del septo auricular retornaba a la de perfusión.

En resumen, el 30% de pacientes tendrían una anormalidad electrofisiológica de base (una dispersión no uniforme del periodo refractario), que les hace vulnerable al desarrollo de fibrilación auricular postoperatoria. Debiendo existir algunos mecanismos desencadenantes, probablemente la isquemia auricular, para la aparición de la arritmia.

Las limitaciones a esta teoría son que las observaciones descritas fueron hechas en animales, que no hay manera de identificar a esos pacientes previamente a la cirugía, que no se sabe por qué la anormal dispersión de periodos refractarios está presente en unos pacientes y no en otros, no sabiéndose si se debe a factores congénitos o adquiridos, sugiriendo esto último el hecho que aumente la incidencia con la edad del paciente.

5 HALLAZGOS HISTOLÓGICOS

En un estudio realizado sobre 60 pacientes sometidos a cirugía de revascularización coronaria se tomaron muestras de aurícula antes y después de la circulación extracorpórea. Se identificaron la vacuolización del miocardio auricular y la acumulación de pigmentos de lipofucsina en el miocardio auricular como potenciales marcadores de alta vulnerabilidad para arritmias, sugiriendo esto que el estado metabólico de la aurícula es un determinante mayor de la patogénesis, aunque el mecanismo de inicio de la arritmia es todavía desconocido.

6   **FACTORES DE RIESGO**

La identificación de pacientes con riesgo de fibrilación auricular tras la cirugía cardiaca permitiría establecer medidas preventivas. Existen muchos factores descritos en diferentes estudios, siendo el más consistente la edad.

La edad se ha asociado en todos los estudios al desarrollo de arritmias auriculares, existiendo una incidencia del 18% en pacientes menores de 60 años, que se incrementa hasta el 52% en mayores de 80 años. Debiéndose probablemente a la pérdida de fibras nodales, la acumulación de fibrosis y tejido adiposo en el nodo sinoauricular, el crecimiento de la aurícula y la fibrosis ventricular. No conociéndose el mecanismo fisiopatológico de base.

Uso preoperatorio de betabloqueantes, que se suprimen bruscamente para la cirugía cardiaca, existiendo una activación simpática que sería la responsable de la arritmia. Niveles elevados de catecolaminas se han cuantificado en pacientes que requirieron tratamiento para la fibrilación auricular postoperatoria. El desarrollo de la arritmia se precedió de un incremento en la frecuencia sinusal y de actividad auricular ectópica.

Enfermedad pulmonar obstructiva crónica, quizá debido a una mayor frecuencia de extrasístoles supraventriculares o a cambios agudos en las presiones parciales de oxígeno o carbónico.

Otros factores son: Enfermedad cardiaca reumática. Uso preoperatorio de digoxina. Cirugía valvular. Estenosis de la arteria coronaria derecha. Enfermedad valvular mitral. Insuficiencia cardiaca congestiva. Género femenino. Hipertrofia ventricular izquierda. Hipotiroidismo. Hipomagnesemia. Hipertensión arterial. Necesidad de balón intraaórtico de contrapulsación. Ventilación prolongada.

Factores asociados a la cirugía: cánula venosa auricular única (frente a la bicava), acceso al ventrículo izquierdo por la vena pulmonar superior, tiempo de clampaje aórtico (isquemia) prolongado, debido a la inadecuada preservación miocárdica de la aurícula, siendo poco explicable que la arritmia se desarrolle 2 a 3 días tras la cirugía si la causa es una inadecuada protección auricular.

Medición del tiempo de conducción auricular puede ser un método de identificar a pacientes con un sustrato electrofisiológico para el desarrollo de fibrilación auricular postoperatoria. Una onda P mayor de 140 msg identifica a los pacientes con riesgo con una sensibilidad de 77%, una especificidad de 55%, y un valor predictivo positivo y negativo de 37% y 87% respectivamente.

El tiempo de conducción en el nodo sinusal mayor de 96 msg se ha asociado con un riesgo 7 veces mayor de fibrilación auricular postoperatoria.

7 **PREVENCIÓN**

Como se ha descrito previamente las causas y mecanismos del desarrollo de la fibrilación auricular en el postoperatorio de cirugía cardiaca son desconocidas en gran parte, existiendo controversia sobre los factores asociados, no obstante se han establecido estrategias de manejo quirúrgico, farmacológicas y de estimulación auricular para prevenir la aparición de esta arritmia.

El uso de circulación extracorpórea en normotermia ha mostrado una disminución del riesgo de fibrilación auricular comparado con hipotermia (menor de 28°C), pero los datos son conflictivos. Mayor interés han deparado los estudios sobre la cirugía de revascularización sin bomba y la cirugía cardiaca mínimamente invasiva, comparados con la cirugía cardiaca convencional. En ambos casos se ha mostrado una menor incidencia de fibrilación auricular postoperatoria. Aunque muchas de las diferencias encontradas se explicaban por otros factores de riesgo, al ajustar por edad, enfermedades concomitantes y numero de anastómosis la cirugía de revascularización sin bomba no se asociaba tanto a la fibrilación auricular como la convencional.

La fibrilación auricular y la cirugía cardiaca

7.1   Prevención farmacológica perioperatoria

Solo los betabloqueantes y amiodarona han mostrado en repetidos estudios disminuir la incidencia de fibrilación auricular. Los fármacos más estudiados son los betabloqueantes, habiéndose mostrado una reducción de la frecuencia de la arritmia del 50% en algunos estudios, sin embargo parte de las diferencias obtenidas pueden ser debidas a la suspensión de betabloqueantes preoperatoria, lo cual es un factor de riesgo independiente para el desarrollo de fibrilación auricular. También debe considerarse que los estudios a veces se han hecho sin monitorización electrocardiográfica continua, lo cual puede subestimar la arritmia, porque en tratamiento con betabloqueantes la frecuencia cardiaca es menor y la duración de los episodios de fibrilación auricular son de más corta duración.

Sotalol, es un betabloqueante que posee efectos antiarrítmicos de la clase III, habiéndose mostrado en varios estudios su eficacia en la prevención de fibrilación auricular. No está claro por cual mecanismo ejerce su efecto, pero un estudio lo comparó con metoprolol y mostró una mayor eficacia.

En diversos estudios se ha mostrado que la amiodarona administrada oralmente 7 días antes de la cirugía cardiaca y continuada hasta el alta reduce la incidencia de fibrilación auricular postoperatoria del 53% al

25%. No obstante otros estudios no han obtenido estos resultados, y no se ha comparado con betabloqueantes.

Digoxina no se ha mostrado más efectiva que el placebo en la prevención de la fibrilación auricular, y su uso previo a la cirugía está asociado con un alto riesgo de arritmia. Verapamilo y otros antagonistas del calcio tampoco se han mostrado eficaces al comparar con placebo, lo mismo ha ocurrido con procainamida. La efectividad de la propafenona se ha mostrado similar al atenolol.

7.2 Magnesio

La cirugía cardiaca con circulación extracorpórea se ha asociado con una reducción de las concentraciones de Mg^{2+} total e ionizado. La relación entre la deficiencia de magnesio y la fibrilación auricular es multifactorial, incluyendo efectos sobre la conducción auriculo-ventricular y la duración del potencial de acción y el periodo refractario efectivo. Existen datos contradictorios sobre si la suplementación perioperatoria de magnesio puede reducir el riesgo de fibrilación auricular postoperatoria. La deficiencia de magnesio persiste durante 4 días tras la cirugía, lo cual sugiere que la administración durante este periodo sería suficiente, sin embargo no se encontraron diferencias respecto a placebo. Otro estudio administró placebo desde el día antes hasta cuatro días después y sí encontró diferencias.

7.3 Estimulación auricular

La estimulación auricular simple o biauricular se ha propuesto como método de prevención de fibrilación auricular postoperatoria, permitiendo evitar el uso de fármacos y sus efectos secundarios. Su efecto se debe a una reducción de las condiciones arritmógenas asociadas con la bradicardia y las extrasístoles. La estimulación simultánea de las dos aurículas permite reducir la dispersión de los periodos refractarios, que favorece la fibrilación auricular. Se realiza mediante la colocación de electrodos epicárdicos en ambas aurículas durante la cirugía, que se conectan mediante un conector en Y. No obstante aunque algunos estudios obtienen una reducción del 70% de incidencia de fibrilación auricular, otros no obtienen estos resultados, mostrándose solo eficaz cuando se usa junto a betabloqueantes.

También se han realizado estudios con desfibriladores internos automáticos, para la cardioversión de episodios de fibrilación auricular, pero las molestias que nota el paciente han sido un limitante importante.

7.4 Pauta de actuación

Todos los pacientes sin contraindicaciones: betabloqueantes, empezando el primer día postoperatorio, aumentando la dosis según tolerancia: metoprolol 25 a 50 mg dos veces al día, incrementando hasta 100 mg dos veces al día.

Pacientes con contraindicación para betabloqueantes: no profilaxis, mantener normocaliemia.

Pacientes con alto riesgo de fibrilación auricular: amiodarona oral. 60 mg diario desde 7 días antes de la cirugía, seguido de 200 mg diarios.

Contraindicaciones de fármacos usados en prevención y tratamiento de la fibrilación auricular		
Betabloqueantes		Hipotensión o bradicardia severa.
		Bloqueo auriculoventricular (PR >240 msg) en ritmo sinusal.
		Enfermedad bronquial
Verapamil y Diltiazen		Hipotensión o bradicardia severa.
		Bloqueo auriculoventricular (PR >240 msg) en ritmo sinusal.
		Disfunción ventricular izquierda
Antiarrítmicos clase IA (procainamida)		QT corregido >500 msg
		Hipocaliemia
		Historia conocida de arritmias con antiarrítmicos clase IA
		Disfunción ventricular izquierda severa (alto riesgo de arritmias)
Antiarrítmicos clase III	Ibutilide	QT corregido >500 msg
		Hipocaliemia
		Disfunción ventricular izquierda severa (alto riesgo de taquicardia helicoidal)
	Amiodarona	QT corregido >500 msg
		Hipocaliemia
Digoxina		Insuficiencia renal en diálisis
		Uso de amiodarona, verapamilo o quinidina.

8 TRATAMIENTO DE LA FIBRILACIÓN AURICULAR EN EL POSTOPERATORIO DE CIRUGÍA CARDIACA

El tratamiento de la fibrilación auricular en el postoperatorio de cirugía cardiaca es similar al manejo de esta arritmia en el paciente no quirúrgico, es decir: control de la frecuencia cardiaca, anticoagulación y cardioversión. Aunque el manejo será distinto según las características del paciente, de forma que en un paciente anciano con enfermedad pulmonar obstructiva crónica, insuficiencia cardiaca congestiva con soporte ventilatorio e inotrópico, el planteamiento será distinto que en un paciente relativamente asintomático varios días tras la cirugía. Pero el manejo será similar: controlar la frecuencia cardiaca bloqueando la conducción auriculo-ventricular, y revertir a ritmo sinusal. Además se deben corregir factores asociados como la hipoxia, alteraciones hidroelectrolíticas, fiebre y dolor.

Excepto cuando existe compromiso hemodinámico que requiere cardioversión inmediata, el primer paso es el control de la frecuencia cardiaca.

8.1   Control de la frecuencia cardiaca

Los fármacos usados para el control de la frecuencia cardiaca son los betabloqueantes, verapamil, diltiazem y digoxina. Debido a que el efecto bradicardizante de la digoxina es de mediación vagal, su eficacia perioperatoria es poca ya que el tono simpático está elevado, debiendo considerarse su uso cuando los betabloqueantes y los antagonistas del calcio están contraindicados; sin embargo en pacientes con disfunción ventricular izquierda la digoxina puede ser la primera opción.

Cuando aparece la fibrilación auricular en un paciente con fallo cardiaco que requiere la administración de catecolaminas, el manejo de la frecuencia cardiaca es complejo, debiéndose bajar la infusión de catecolaminas a la menor dosis que tolere, pudiéndose cambiar los inotrópicos por un inhibidor de fosfodiesterasas como la milrinona. Inotrópicos negativos pueden administrarse lentamente, valorando siempre la respuesta hemodinámica, siendo una buena opción el esmolol, debido a su corta vida media.

8.2 Cardioversión

La cardioversión puede ser farmacológica o eléctrica. El mantenimiento del ritmo sinusal puede ser problemático porque los mismos factores que han predispuesto al paciente a presentar una fibrilación auricular existen tras la cardioversión, por lo que los fármacos antiarrítmicos se usan para pasar a ritmo sinusal y para mantenerlo.

Normalmente se recomienda 24 horas de control de la frecuencia cardiaca antes de empezar la cardioversión farmacológica, teniendo en cuenta que la mayoría de los fármacos empleados, principalmente al usarlo parenteralmente, producen hipontensión arterial.

El fármaco elegido se basa en criterios individuales de vulnerabilidad al efecto proarritmógeno de los antiarrítmicos. Las drogas con poco riesgo de arritmias (amiodarona y sotalol) se eligen en pacientes con alto riesgo de arritmias ventriculares, como QT largo, taquicardias ventriculares previas, hipertrofia ventricular izquierda, isquemia miocárdica, disfunción ventricular izquierda. La flecainida, propafenona y sotalol se recomiendan en pacientes con una fibrilación auricular aislada, mientras que la amiodarona es una segunda opción en estos pacientes. Debido al alto riesgo de *torsades de pointes* los antiarrítmicos de clase Ic se evitan en pacientes con enfermedad cardiaca. La quinidina, procainamida y disopiramida no se usan salvo que no sean efectivos otros agentes. Ibutilde es un nuevo antiarrítmico de clase III, de alta eficacia pero muy arritmógeno. Si se emplean fármacos que prolongan el intervalo QT debe realizarse observación durante al menos 24-48 horas tras iniciar la administración.

La cardioversión eléctrica inmediata se requiere cuando la fibrilación auricular se asocia con respuesta ventricular rápida, compromiso hemodinámico, caída de la función ventricular izquierda o evidencia de isquemia miocárdica. También puede emplearse la sobreestimulación por los electrodos epicárdicos auriculares si la frecuencia auricular es menor de 300 latidos por minuto. También se considera la cardioversión eléctrica en pacientes con síntomas sin compromiso hemodinámico o para restaurar el ritmo sinusal tras un episodio previo de fibrilación auricular.

Los riesgos de la cardioversión eléctrica son tromboembolismo, bradicardia, parada cardiaca y arritmias ventriculares. La cardioversión eléctrica o farmacológica está asociada con un riesgo tromboembólico de 1-7% en ausencia de anticoagulación.

La anticoagulación se recomienda durante 3 a 4 semanas previas a la cardioversión eléctrica o farmacológica de fibrilaciones auriculares de más de 48 horas de evolución, debiendo continuarse durante 3 a 4 semanas tras una cardioversión efectiva. En el postoperatorio de cirugía cardiaca se reserva el uso de heparina en pacientes con revascularización coronaria a aquellos que llevan más de 24 horas en fibrilación auricular sostenida, debido a que la circulación extracorpórea tiene un efecto de hemodilución y alteración de la coagulación y función plaquetaria. Si la arritmia recurre durante la hospitalización es dado de alta con anticoagulantes orales.

8.3   Actitud a seguir

Si la fibrilación auricular es mal tolerada: cardioversión eléctrica.

Si la fibrilació auricular es bien tolerada: control de la frecuencia cardiaca con betabloqueantes o diltiazem intravenosos, en caso de disfunción ventricular izquierda una primera opción puede ser la digoxina. Si se resuelve la fibrilación auricular: continuar el tratamiento 2-4 semanas. Si persiste: procainamida intravenosa, seguido de amiodarona si la procainamida falla en mantener el ritmo sinusal. Considerando la posibilidad de cardioversión eléctrica si los fármacos no consiguen la cardioversión a las 48-72 horas. Anticoagular si la arritmia persiste más de 24 horas. Si se revierte a ritmo sinusal debe mantenerse la amiodarona o procainamida durante 4 a 6 semanas, hasta que las condiciones perioperatorias que promueven la arritmia desaparezcan.

9 BIBLIOGRAFÍA

Ad N, Snir E, Vidne B, Golomb E: Potencial preoperative markers for the risk of developing atrial fibrillation after cardiac surgery. Seminars in Thoracic and Cardiovascular Surgery 11:308-313, 1999

Borzak S, Silverman N: Treatment of postoperative atrial fibrillation. Seminars in Thoracic and Cardiovascular Surgery 11:314-319, 1999

Cox J: A perspective on postoperative atrial fibrillation. Seminars in Thoracic and Cardiovascular Surgery 11:299-302, 1999

Cresswell L: Postoperative atrial arrhytmias: Risk factors an associated adverse otucomes. Seminars in Thoracic and Cardiovascular Surgery 11:303-307, 1999

Crystal E, Kahn S, Roberts R, Thorpe K et al: Long-term amiodarone therapy and the risk of complications after cardiac surgery: Results from the Canadian Amiodarone Myocardial Infarction Arrhytmia Trial (CAMIAT). The Journal of Thoracic and Cardiovascular Surgery 125:, 2003

Hill L, De Wet C, Hogue C: Management of atrial fibrillation after cardiac surgery-Part II: Prevention and Treatment. Journal of Cardiothoracic and Vascular Anesthesia 16:626-637, 2002

Hill L, Kattapuram M, Hogue C: Management of atrial fibrillation after cardiac surgery-Part I: Pathophysiology and Risks. Journal of Cardiothoracic and Vascular Anesthesia 16:483-494, 2002

Solomon A: Treatment of postoperative atrial fibrillation: A nonsurgical perspective. Seminars in Thoracic and Cardiovascular Surgery 11:320-324, 1999

www.ingramcontent.com/pod-product-compliance
Lightning Source LLC
Chambersburg PA
CBHW020956180526
45163CB00006B/2392